LPガス販売店のための法律相談 2

改正省令について
2024年11月時点

弁護士 松山正一　編・著

諏訪書房

ＬＰガス販売店のための法律相談 2

省令改正について　2024 年 11 月時点

はじめに

　2024 年 4 月 2 日に「液化石油ガス保安の確保及び取引の適正化に関する法律施行規則の一部を改正する省令」（以下「改正省令」といいます）が交付され、7 月 2 日にＬＰガス料金表の情報提供義務（15 の 2）、過大な営業行為の制限の規律（15 の 3 から 6）が施行されました。そして、2025 年 4 月 2 日に三部料金制の規律（15 の 7 から 9）が施行されます。

　改正省令公布前の「総合資源エネルギー調査会 資源・燃料分科会 石油・天然ガス小委員会 液化石油ガス流通ワーキンググループ」（液石ＷＧ）での議論の時点から、私のもとには改正に関するさまざまな疑問や懸念を持つ販売事業者からの相談が寄せられていました。そこで、公布された条文を確認後すぐ、Ｑ＆Ａ集『ＬＰガス販売店のための法律相談〜省令改正について　2024 年 4 月時点』を発行しました。

　前著は 7 月の改正省令の施行と、2025 年 4 月の三部料金制の施行を控えて、従来の商慣行を見直して、新たな取引形態を模索しているＬＰガス販売事業者の皆さんへの情報提供でした。

　今回発行の本書は前書の続編です。公布後に寄せられた質問に対して、改正省令の理解のためのガイドラインやパブリックコメントを手がかりとしつつ、液石法の他の規定との整合性も考慮して、私なりに回答しまとめたものです。

「過大な営業行為」の範囲など、省令そのものはもちろん、ガイドラインやパブリックコメントも抽象的な示され方が多く、施行後100日以上経過した現在でも、ＬＰガス販売事業者の多くが、既存契約や賃貸住宅オーナーとの営業方法のあり方について、まさに暗中模索の状態です。

　さらに、今回の改正が「ＬＰガスの商慣行の是正」を目的としていながらも、示された規律の大半が賃貸集合住宅に関してであり、建物所有者とガス消費者が一緒の戸建持家住宅に対する規律は、必ずしも十分なものとはいえません。そのことから、一部大手事業者は、戸建住宅に対する勧誘、いわゆる切替営業を活発化させています。こうした状況を見ると、法改正は今回だけでは終わらないだろうと思わざるを得ません。

　来年の「三部料金制の義務化」の施行により、今回の改正省令のすべてが、まずは施行されることになります。その後はまた新たな問題が出てくると思いますが、その際にもご助言ができればと思っております。

　本書が読者の方々にとって少しでも参考になれば幸いです。

2024年11月20日

編・著者　弁護士　松山 正一

ＬＰガス販売店のための法律相談　2

省令改正について　　2024 年 11 月時点

目次

p2 | はじめに

1　賃貸物件

p6 | Q1　改正省令において賃貸住宅での設備の無償貸与が制限されたのはなぜですか。

p7 | Q2　三部料金制の規律（15 の 7 から 9）の施行後に、賃貸物件のガス料金から回収できる消費設備費用（15 の 9 ただし書き）は、限定されるのですか。

p8 | Q3　過去に締結したオーナーに有利な契約は、もとはと言えばこちらから提示したもの。法律が変わったからと言ってこちらから反故にはしにくいのですが、どうしたらよいですか。

p9 | Q4　賃貸物件に入居している飲食などの業務用需要家も一般消費者に当たるのでしょうか。業務用需要家に対しては、設備料金に消費設備費用を入れてもよいのでしょうか。

p9 | Q5　賃貸物件の基本料金を戸建物件よりも高くして、無償貸与をすることは認められますか。

p11 | Q6　改正省令施行前（令和 6 年 7 月 1 日以前）の賃貸物件の無償貸与設備について、改正省令施行後に、切り替えがあり、新会社が現会社にガス設備代金を支払うのは、オーナーに対する過大な利益供与（15 の 3、5）に当たりませんか。

p12 | Q7　賃貸物件のガス設備の初期設置費用は、オーナー様に負担していただきますが、契約期間中に発生した設備の修理、交換費用は当社で負担することを考えています。これは過大な利益供与（15 の 3）に当たりますか。

p13 | Q8　供給設備について、切り替えを制限するような条項がなければ、無償貸与契約は可能ですか。

2　戸建物件

p14 | Q1　改正省令の設備の無償貸与などの過大な営業行為の制限は、賃貸住宅にのみ適用され、戸建住宅には及ばないと聞きましたが、そのとおりですか。

p15 | Q2　戸建物件の過大な営業行為の制限の規律（15 の 4、6）の対象者は、「一般消費者等」とされているので、「等」のなかには、建物所有者が含まれ、建物所有者に対しても、この規律が適用されるとはいえませんか。

p16 | Q3　過大な営業行為の制限の規律（15 の 3 から 6）が賃貸物件の建物所有者（オーナー）に対しては適用されるのに、戸建物件の建物所有者に対しては、適用がないというのは、同じ建物所有者なのにおかしくないですか。

p17 | Q4　一般戸建住宅では、給湯器を含む設備料金を徴収してもよいのでしょうか。

p18 | Q5　戸建物件の建物所有者に対して、クオカード、商品券、菓子折りを切り替えキャンペーンと称して渡すことは過大な営業行為となりますか。

p20 Q6 戸建ての場合、当社の従来の基本料金は 2,000 円です。今後、お客様に給湯器を転リースし（当社がリース会社と契約し、支払ったリース料と同額を消費者に請求する）、基本料金 1,500 円＋転リース料 500 円で設定したいと思っています。総額は一緒なので、無償貸与と同じではないかという指摘を受けることはないでしょうか。なお販売契約と転リース契約は別途で締結するつもりです。

3　三部料金制の施行と既存契約

p22 Q1 改正省令施行前（令和 6 年 7 月 1 日以前）にオーナーと無償貸与契約を交わし、入居者（消費者）のガス料金から設備費用を回収していましたが、三部料金制の規律の施行後（令和 7 年 4 月 2 日以降）も有効ですか。

p23 Q2 三部料金制の施行前に締結したガス契約で、ガス料金で設備費用を回収している場合、消費者に対してどのような説明をすればよいですか。

p24 Q3 既存のガス契約について、消費者のガス料金で支払いを受けることが省令違反にならないとすると、消費者から設備費用の支払いの中止を求められたり、既に支払いを受けた設備費用の返還を求められても拒否することはできますか。

4　改正省令等の法的効力

p26 Q1 改正省令に違反する行為は無効ですか。

p27 Q2 省令違反の行為に対する行政処分の適用の流れについて教えてください。

p27 Q3 ガイドラインとパブリックコメントのそれぞれの意義と効力について教えてください。

p29 Q4 改正省令の施行により、これまでの商慣習の見直しが求められるなかで、当社は、デジタルマーケティングを活用した顧客の獲得を考えています。そのことで注意点はありますか。

5　M&A

p31 Q1 改正省令の施行後（令和 6 年 7 月 2 日以降）、従来にも増して、販売店の事業譲渡（M&A）が活発になっているようです。どのような理由からでしょうか。

p31 Q2 販売店の事業譲渡（M&A）での注意点は何ですか。

p33 Q3 事業譲渡において、譲受側は譲渡会社のどこを見て、譲渡価格を算定するのですか。

6　関連資料

p35 改正省令

1 賃貸物件

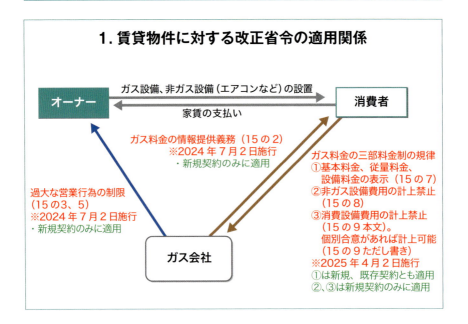

Q1 改正省令において賃貸住宅での設備の無償貸与が制限されたのはなぜですか。

A 賃貸物件に対するＬＰガスの供給は、これまでガス事業者がオーナー（建物所有者）に対して、ガス設備を無償貸与し、投下費用を消費者（入居者）のガス料金から回収する商慣行にもとづいて行われてきました。最近では、ガス設備以外の日常生活設備（エアコン、ウォシュレットなど）にまで無償貸与の慣行が拡大し、消費者がガスの消費と無関係の設備費用が上乗せされた、不透明で高いガス料金を支払っているという状況にありました。

1 賃貸物件

　ガス設備も生活設備も、建物に設置されて利用されるのですから、その費用は、本来、建物所有者が負担すべきものです。そこで、今回の省令改正において、無償貸与の慣行を是正すべく、オーナーに対する過大な営業行為（無償貸与、高額の謝礼金・精算金・違約金など）を制限し（15の3、5）、三部料金制（15の7）を徹底し、消費者（入居者）のガス料金にガス設備費用と生活設備費用を計上させないようにし（15の8、9）、設備費用の回収をオーナーとガス事業者間の協議で行うようにしました。

Q2 三部料金制の規律（15の7から9）の施行後に、賃貸物件のガス料金から回収できる消費設備費用（15の9ただし書き）は、限定されるのですか。

A　賃貸物件のガス料金で設備費用の回収ができる「消費設備」（15の9ただし書き）は、主にガス漏れ警報器の貸与料金に限られるというのが行政の見解です（令和6年7月2日ガイドライン・通達第16号関係6号）。

　しかし、「消費設備」は、「ガスメーターの出口から燃焼器（付属装置を含む）に至るまでの設備を言い、具体的には、調整器（質量販売の場合）、ゴム管、配管及び燃焼器等配管によって接続されたもの並びに燃焼器の附属装置（排気筒）をいう」（液石法2条（5）・施行令3条）とされており、この定義によると、個別合意が可能な消費設備は、警報器に限定されません。

　実際にも、ガス漏れ警報器は、共同住宅などの設置が義務づけられているものについては（施行規則44条1号カ、45条4号）、その費用を基本料金から回収することもできるので、設備料金で回収できる設備費用を警報

器に限定する意味はないともいえます。

設備料金で回収可能な「消費設備」の範囲について、消費設備の定義と矛盾のない説明が必要です。

Q3 過去に締結したオーナーに有利な契約は、もとはと言えばこちらから提示したもの。法律が変わったからと言ってこちらから反故にはしにくいのですが、どうしたらよいですか。

A 改正省令施行前（令和6年7月1日以前）のオーナーとの設備契約には、過大な利益行為の制限の規律（15の3、5）は適用されず、ガス契約における設備費用の計上禁止規定（15の8、9）も適用されないので、無償貸与によるガス料金からの設備費用の回収という従来の費用の回収方法はそのまま効力があります。しかし、三部料金制の設備費用の外出し表示（15の7）によって、消費者がガスの消費と無関係の設備費用を負担していることを知り、ガス料金の見直しを求められた場合は、オーナーとの無償貸与契約も見直して、オーナーからの投資費用の回収を再検討する必要が出てくるかもしれません。

行政も、改正省令の施行前の行為については、過大な営業行為の制限の規律（15の3、5）は適用されないが、過去に行われた過大な営業行為であっても、それが消費者に不利益をもたらす可能性に鑑みれば、今後、見直してくことが望ましいとしています（パブリックコメント・令和6年4月5日・P.5・No.10、P.6・No.13）。

1 賃貸物件

Q4 賃貸物件に入居している飲食などの業務用需要家も一般消費者に当たるのでしょうか。業務用需要家に対しては、設備料金に消費設備費用を入れてもよいのでしょうか。

A 賃貸物件の飲食店でガスを使っている人も液石法上の一般消費者にあたるので（液石法第2条2項、施行令2条）、普通の入居者と同じように改正省令の規制が及びます。したがって、ガス料金における消費設備費用の計上禁止規定（15の9本文）がガス漏れ警報器以外の消費設備に適用されるとすれば、飲食店に負担を求めることはできず、オーナー負担か、ガス会社の自助努力で行うことになります。

Q5 賃貸物件の基本料金を戸建物件よりも高くして、無償貸与をすることは認められますか。

A 議論の余地のあるところです。
　ある事業者は、戸建物件の基本料金1,500円に対して、賃貸物件の基本料金2,000円で、ガス機器の無償貸与をしていることの説明として「あくまでガス機器はサービスとして提供している。ＬＰガス料金は自由に設定できる」と回答しました。500円の差がある理由について、「地域の同業他社の水準を考慮して設定した」とのことです。立入検査に入った担当者は、ＬＰガスが自由料金であることを考えると、これが改正省令の違反行為に当たるか否かを判断できなかったと述べています。
　無償貸与の場合において、消費者のガス料金に上乗せして設備費用の回収をしていないことを説明できない限り、三部料金制の規律（15の9）に

反する可能性があるという考え方によると（パブリックコメント・令和6年4月5日・P.14・No.28など）、戸建物件と賃貸物件の基本料金の差額分について、消費者に設備費用を負担させていないことを合理的に説明できる必要があります。

　なお、地方の消費者委員から、三部料金制の規律によってLPガス料金に設備費用を計上できなくなると、大手販売事業者は耐えられても、地方の小規模事業者は耐えられず、事業撤退するところも出てくることになり、地方山間部でのLPガス供給の担い手を減らすことになりかねないと不安視する声が上がっています。

　戸建物件は建物所有者と消費者が同じなので、ガス料金で消費設備費用を回収することができますが、賃貸物件について、消費者との個別合意（15の9ただし書き）で回収可能な設備費用が警報器などの保安設備に限定されると、その他の消費設備費用は、オーナーとの有償契約（レンタル、リース、売買）や、事業者の自助努力（利幅の圧縮）が考えられますが、オーナーとの交渉がうまくいかなかったり、事業者の自助努力で対応せざるをえない場合に、地域販売店の減少が懸念されます。

1 賃貸物件

Q6 改正省令施行前（令和6年7月1日以前）の賃貸物件の無償貸与設備について、改正省令施行後に、切り替えがあり、新会社が現会社にガス設備代金を支払うのは、オーナーに対する過大な利益供与（15の3、5）に当たりませんか。

A 新会社が、現会社とオーナーとの間の設備契約やガス設備を引き継ぐために現会社から設備を買い取るのは、オーナーと現会社間の設備の売買ではなく、それとは独立した業者間の売買なので、省令が直ちに適用される場面ではなく、省令違反にはなりません（パブリックコメント・令和6年7月2日・P.16・No.46）。

ただし、新会社が現会社に支払ったあとの買取費用の回収方法が、過大な営業行為の制限の規律（15の3、5）に違反しないこと、消費者のガス料金に計上しないようにする必要があります（15の9本文）。

Q7 賃貸物件のガス設備の初期設置費用は、オーナー様に負担していただきますが、契約期間中に発生した設備の修理、交換費用は当社で負担することを考えています。これは過大な利益供与（15の3）に当たりますか。

A ガス事業者による利益供与は、「一切」禁止されるのではなく、「正常な商慣習を超えた利益供与」（15の3、4）に該当するか否かは、取引内容や影響等の様々な要素に基づいて、総合的に判断するとされています（パブリックコメント・令和6年4月5日・P.3・No.8）。

その判断にあたっては、その利益供与がガス事業者の切替えを長期にわたって阻害する効果を有し、消費者に対する高額で不透明なガス料金の請求に繋がる恐れが高くなるかどうかに留意する必要があるとされています。

ガス事業者は、多額の初期投資費用（配管代、設備代等）を回収するために、オーナーと長期の無償貸与契約を締結し、消費者のガス料金から設備費用を継続的に回収していましたが、無償貸与は、オーナーや消費者を長期間拘束して、ガス事業者の変更を妨げ、消費者に高額のガス料金を支払わせているとの指摘が今回の省令改正の契機になっていますので、初期投資費用の回収のための無償貸与は相当程度制限されることになります。これに対して、契約期間中の設備の交換費用や、修理費用は、個別に発生する費用であり、初期投資費用のように一度に多額の負担が生じるものではないので、自らのガス事業者としての利幅を圧縮したり、他の収益で補填するという自助努力によって行うことにしても、オーナーや消費者によるガス事業者の変更を長期にわたって阻害し、消費者に対する高額で不透明なガス料金の請求に繋がる恐れはなく、「正常は商慣習を超えた利益供与」には当たらないという考えもありうるところです。ガス会社の負担金額に上限があれば、なおのことそう言えます。

1　賃貸物件

Q8 供給設備について、切り替えを制限するような条項がなければ、無償貸与契約は可能ですか。

A　供給設備費用は、もともと基本料金の一部として、ガスの消費と関係なく支払いを受けるものですから、オーナーに無償貸与し、消費者のガス料金から回収しても、オーナーに対する過大な利益供与（15の3）には当たらないと言えます。

ガス契約の解約の際には、供給設備を撤去するのが原則ですが（施行規則16条16号）、買い取ってもらうことも可能です。しかし、あまりにも高額な買取条件は、切替制限条項（15の5）に当たる可能性があります。

また、賃貸物件の基本料金が、戸建物件よりも高く、ガス料金の設備料金が0円の場合、本来回収できない消費設備（15の9本文）を基本料金で回収しているのではないかとみられ、三部料金制の規律（15の7から9）の施行後は、基本料金に消費設備用を上乗せしていないことを客観的な根拠をもって説明できるようにする必要があります（パブリックコメント・令和6年4月5日・P.12・No.25①など）。

2 戸建物件

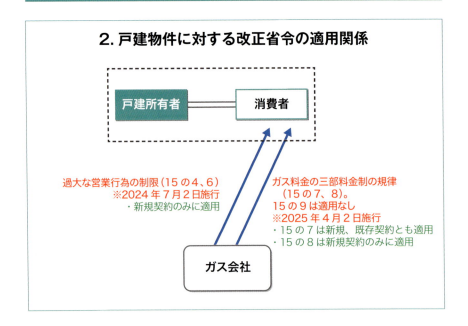

Q1 改正省令の設備の無償貸与などの過大な営業行為の制限は、賃貸住宅にのみ適用され、戸建住宅には及ばないと聞きましたが、そのとおりですか。

A 戸建物件に対するＬＰガスの供給で特徴的なことは、建物所有者と消費者が同じであることです。したがって、本来、建物所有者から回収すべきガス設備費用をガス料金から回収しても、消費者に不利益を与えることにはならないので、建物所有者に対する過大な営業行為を制限して（15の4、6）、消費者の不利益を防ぐ必要はなく、ガス料金に消費設備費用を計上することも認められ（パブリックコメント・令和6年7月2日・

2　戸建物件

P.25・No.72、P.30・No.80、P.39・No.103）、消費設備費用の計上禁止規定（15の9）は戸建物件に適用されません。戸建物件の建物所有者に対する改正省令の規律の適用はなく、専ら消費者に対する関係で、ガスの消費に関して過大な営業行為を制限し（15の4、6）、ガス料金の透明化と適正化（15の7、8）を求めています。

　しかし、建物所有者に対する規制がないことが、改正省令の目的の実現を不徹底なものとし、一部事業者の資金力にものを言わせた戸建物件の切替営業の横行という弊害をもたらしています。

Q2 戸建物件の過大な営業行為の制限の規律（15の4、6）の対象者は、「一般消費者等」とされているので、「等」のなかには、建物所有者が含まれ、建物所有者に対しても、この規律が適用されるとはいえませんか。

A 　戸建物件に対する過大な営業行為の制限の規律（15の4、6）は、前段で、ガス契約の当事者である「一般消費者等」と消費設備が設置された「施設又は建築物の所有者」を分けたうえで、後段で、違反行為の相手をそのうちの「一般消費者等」としています。そして、「一般消費者等」の意味について、液石法は「液化石油ガスを燃料として生活の用に供する一般消費者及び液化石油ガスの消費の態様が、一般消費者が燃料として生活の用に供する場合に類似している者であって、政令で定めるもの（例えば飲食店など）をいう」としているので（液石法2条2項、施行令2条）、「一般消費者等」の「等」のなかに、建物所有者を含めることは、省令の解釈論としては難しいと思われます。

　ガイドライン（令和6年7月2日）も、ガス事業者に対する正常な商慣

15

習を超えた利益供与行為の禁止（15の3、4）の相手を「賃貸集合住宅等のオーナー等（15の3）又は戸建住宅の消費者（15の4）」としており、切り替え制限条件禁止の相手も「賃貸・集合住宅等のオーナー等（15の5）又は戸建住宅の消費者（15の6）」としており、戸建物件の規律の対象者は消費者としており、建物所有者を対象としていません。

なお、戸建賃貸は、建物所有者と消費者が異なるので、賃貸物件に関する規律（15の3、5、7から9）が適用されます。

Q3 過大な営業行為の制限の規律（15の3から6）が賃貸物件の建物所有者（オーナー）に対しては適用されるのに、戸建物件の建物所有者に対しては、適用がないというのは、同じ建物所有者なのにおかしくないですか。

A 賃貸物件は、建物所有者（オーナー）と消費者が異なり、事実上、オーナーに業者選定権限があるので、オーナーに対して、過大な営業行為の制限の規律（15の3、5）を適用して、消費者に不透明で高額のガス料金を支払わせることがないように規制していますが、過大な利益供与の相手には、オーナー以外の第三者（不動産会社、建築会社、ハウスメーカーなど）も考えられるので、15の3は、利益供与行為の対象者を所有者「等」として、オーナー以外の者も含むとしています（パブリックコメント・令和6年4月5日・P.28・No.29④）。

戸建物件では、建物所有者と消費者が同じなので、本来、建物所有者から回収すべきガス設備費用をガス料金から回収しても、消費者に不利益を与えることはないので、ガス料金に消費設備費用を計上することが認められますし（パブリックコメント・令和6年7月2日・P.30・No.80、P.39・

No.103)、建物所有者からの設置費用の回収については制約がありません。戸建物件では、消費者に対する関係において、ガスの消費に関する過大な営業行為の制限（15の4、6）や、三部料金制の施行によるガス料金の透明化と適正化（15の7、8）を求めているだけです。

しかし、戸建物件に対する営業行為の相手は建物所有者（施主）ですから、消費者に対する営業行為を制限するだけではなく、賃貸物件の建物所有者に対するのと同様に、戸建物件についても、建物所有者に対する過大な営業行為の制限（15の4、6）を検討する必要があると考えます。

Q4 一般戸建住宅では、給湯器を含む設備料金を徴収してもよいのでしょうか。

A 戸建物件の建物所有者から消費設備費用を回収することは禁止されていませんし、消費者のガス料金に消費設備費用を計上することも認められます（パブリックコメント・令和6年7月2日・P.30・No.80、P.39・No.103）。15の9は賃貸物件のガス料金における消費設備費用の計上禁止規定なので、戸建物件のガス料金には適用されません。したがって、ガス会社は、建物所有者との設備契約によっても、消費者のガス料金によっても、給湯器などのガス設備費用を回収することができます。

ただし、戸建住宅を賃貸している場合は、建物所有者と消費者が異なるので、賃貸物件と同様の規律（15の3、5、7から9）が求められます。

Q5 戸建物件の建物所有者に対して、クオカード、商品券、菓子折りを切り替えキャンペーンと称して渡すことは過大な営業行為となりますか。

A （1）大手販売事業者のなかには、戸建住宅について、乗り換えやご紹介キャンペーンと称して、5,000円から20,000円程度の金券を、自社社員のほか、外部の協力スタッフと称する者に自社の名刺を使わせて、切替行為を行っています。

（2）戸建物件の建物所有者に対する過大な営業行為の規律の（15の4、6）適用がないことを利用して、建物所有者に対して、過大な投資費用の支払いを求めたり、業者変更を制限する契約を締結していないかどうかを検討するために、「建物所有者」として締結した契約内容も開示させる仕組みが必要です。

（ア）その契約内容がただちに省令違反にならないとしても、投資費用の回収金額や回収方法が、建物所有者の権利を通常よりも制限したり、通常よりも重い義務を課すものであれば、その約定は無効となる可能性があります（消費者契約法10条）。建物所有者は液石法上の一般消費者ではありませんが、消費者契約法上の消費者には当たるので、消費者契約法からの検討が可能であり、必要です。

（イ）高額な金品の提供、値上げありきの安価な売り込み価格の設定は、その市場規模と他のガス事業者に及ぼす影響の程度によっては、独禁法の不当な利益による顧客誘引（独禁法2条9項6号ハ、不公正は取引方法9号）に当たる可能性があります。この規定は、事業者が商品の品質や価格とは別の経済上の利益を提供する営業行為のうち、競争者の顧客を不当に奪うおそれのある行為を規制するものですが、ガス事業者が供給するLPガスに品質の差はないので、主に顧客獲得の営業方法が問題となります。

その判断にあたっては、行為の質的側面（競争手段としての公正さ）と量的側面（行為の広がり）を考慮します。

質的側面については、経済上の利益の程度、提供の方法がＬＰガス業界における正常な商慣習に照らして不当であるかどうかを判断することになります。前記の事例では、1人5,000円から20,000円の金品が、戸建て1件の謝礼金として正常な商慣習の範囲内の利益供与といえるかです。この事例では、戸建所有者に金品を提供したうえに、紹介者にも10,000円の金券を提供し、しかも、その支払いは、消費者がそれぞれの金額以上のガスを消費したことが条件となっており、金品の提供と引き換えに事実上ガス契約の締結を強制する仕組みになっており、正常な商慣習の範囲内とはいえない不当なものであるとの指摘があります。

次に量的側面（行為の広がり）を考慮する必要があります。これは、独禁法の適用となる行為は市場から排除されるので、当該行為の相手方の数、当該行為の反覆継続性、当該行為の伝播性を考慮する必要があるとされており、当該行為が相当程度の規模で行われているかどうかの判断です。

このように、対象行為の質的側面と量的側面の両方の条件が満たされることが独禁法違反の要件であり、販売店が立証するのは大変なので、ある程度の資料を揃えて、公正取引委員会に告発するという方法があります。

（3）戸建物件の消費者については、過大な営業行為の制限の規律（15の4、6）と、三部料金制の規律（15の7、8）の適用があるので、金券や謝礼金の支払いは、正常な商慣習を超える利益供与（15の4）、あるいは、ガス事業者の切り替えを長期にわたって阻害する利益供与（15の6）に当たる可能性があります。しかし、過大な利益供与の範囲内か否かの判断基準が明らかではなく、定量的な基準が示される必要があります。

Q6 戸建ての場合、当社の従来の基本料金は 2,000 円です。今後、お客様に給湯器を転リースし（当社がリース会社と契約し、支払ったリース料と同額を消費者に請求する）、基本料金 1,500 円＋転リース料 500 円で設定したいと思っています。総額は一緒なので、無償貸与と同じではないかという指摘を受けることはないでしょうか。なお販売契約と転リース契約は別途で締結するつもりです。

A 基本料金を安くした金額と同額の転リース料を、消費者のガス料金で負担させるので、実質的には給湯器を建物所有者に無償貸与し、消費者に設備費用を負担させるのと同じなのではないかとみられる可能性があります。

しかし、戸建物件では、建物所有者と消費者が同じであり、消費設備の無償貸与による消費者の不利益という問題は生じないので、建物所有者に対する過大な営業行為の制限の規律（15 の 4、6）はなく、消費者に対する消費設備費用の計上禁止の規律（15 の 9）の適用もないので、このような方法も省令違反の行為にはあたりません。むしろ、基本料金が 500 円も安くなるのであれば、これまでの基本料金は高すぎたのではないかとの指摘を受ける可能性があり、この点について、合理的説明ができるようにしておく必要があります。

なお、賃貸物件について、このような方法をとると、建物所有者（オーナー）と消費者が異なりますから、消費者にとっては支払金額が同じであっても、給湯器の転リース料を消費者に負担させることの合理的説明が必要です。転リース料がガス料金とは別個の契約にもとづく支払いであるとしても、消費者に対する消費設備費用の計上禁止規定（15 の 9）の趣旨からして、給湯器の転リース料の負担を消費者に求めることは認められないとの

2 戸建物件

主張もありうるところです。また、消費者にガスの供給とは直接関係のない給湯器の転リース料を負担させることは、消費者契約法 10 条により無効であるとの主張もありうるので、消費者に対する説明は、この点について留意する必要があります。

3 三部料金制の施行と既存契約

Q1 改正省令施行前（令和6年7月1日以前）にオーナーと無償貸与契約を交わし、入居者（消費者）のガス料金から設備費用を回収していましたが、三部料金制の規律の施行後（令和7年4月2日以降）も有効ですか。

A 改正省令施行前のオーナーとの設置契約には、過大な営業行為の制限の規律（15の3、5）も、設備費用の計上禁止規定（15の8、9）の適用もないので、無償貸与契約は省令違反に当たらず、ガス設備費用と生活設備費用を消費者のガス料金から回収する行為は、そのまま続けることができます。

しかし、三部料金制の料金体系の外出し表示（15の7）は、施行前（令和7年4月1日以前）のガス契約にも適用されるので、ガス料金に設備費用の支払いが含まれている場合は、設備料金として設備費用を外出し表示して、消費者に伝える必要があります。検針票などでガス料金の内訳を知った消費者から、ガスの消費と無関係のガス設備費用を支払っていたことについて、クレームが出る可能性があるので、その説明を考えておく必要があります。

3 三部料金制の施行と既存契約

Q2 三部料金制の施行前に締結したガス契約で、ガス料金で設備費用を回収している場合、消費者に対してどのような説明をすればよいですか。

A 　三部料金制の規律（15の7から9）の施行後（令和7年4月2日以降）に締結したガス契約では、非ガス設備費用（エアコン、ウォシュレットなどの生活設備費用）はもとより、消費設備費用の計上も禁止されますが（15の8、9）、施行前のガス契約については、ガス事業者の投下費用の回収のために、設備費用の計上禁止規定（15の8、9）は適用されません。しかし、三部料金制の外出し表示（15の7）によって、基本料金、従量料金のほかに、設備料金として、消費設備費用や生活設備費用を支払っていることを知った消費者から、ガスの消費と直接関係のない設備費用を支払うことの説明や、新規のガス契約の消費者との不公平さを言われた場合の説明を考えておく必要があります。

　設備費用は、本来、建物所有者が負担すべきものですから、消費者に負担してもらっていたことについて、消費者に理解してもらい、引き続き支払いを続けてもらうには、消費者に負担してもらった理由、負担してもらった設備費用の範囲ついて説明し、納得してもらえるように努める必要があります。それで了解してくれる消費者もいるでしょうが、納得してくれない消費者もいると思われます。そこで、ガス事業者のなかには、設備費用の回収をやめて、基本料金や従量料金の調節をしたり、自助努力（利益の圧縮など）によって設備費用を負担する者もいます。

　ただし、三部料金制の施行によって開示された基本料金や従量料金が、全国平均や地域相場から乖離している場合は、事実上、それらの料金名目で設備費用を負担させているのではないかと指摘される可能性があるので、合理的な説明ができるようにしておく必要があります。こうした事態を見据え

23

て、行政は、過去に行われた過大な営業行為であっても、それが消費者に不利益をもたらす可能性に鑑みれば、今後、見直していくことが望ましいと述べています（パブリックコメント・令和6年4月5日・P.5・No.10、P.6・No.13 など）。

Q3 既存のガス契約について、消費者のガス料金で支払いを受けることが省令違反にならないとすると、消費者から設備費用の支払いの中止を求められたり、既に支払いを受けた設備費用の返還を求められても拒否することはできますか。

A 液石法上は消費者のこれらの要求に応じる義務はありませんが、消費者契約法10条によって、これまで支払った設備費用の返還や今後の設備費用の支払いを拒否される可能性があります。

消費者契約法10条（※）は、消費者の権利や義務を信義則（民法1条2項）に反して侵害する消費者契約は無効としています。消費者とのLPガス契約において、消費者に設備費用を支払わせていたことは、消費者は本来ガスの消費と直接関係のない設備費用を支払う義務がないという一般法理よりも、消費者の義務を加重するものといえます（10条の前段条件）。そして、二部料金制のもとでは、消費者がガス契約（14条書面）の締結の際に、設備費用の内容、負担の根拠、金額、支払方法について説明を受けていない場合が多く、説明を受けていたとしても、消費者とガス事業者との間には、ガス料金や商慣行に関する知識や情報量や交渉力の格差があり、消費者がガスの消費と関係のない設備費用を負担することについて、十分に理解をしたうえで、設備費用を支払っていたとは言い難いとみられる

24

ので、信義則に反して消費者の利益を一方的に侵害していると判断され（10条の後段要件）、ガス契約のうち、設備料金の支払いの約定の部分は、消費者契約法10条により無効とされる可能性があります。その場合は、設備料金の支払いの約定は契約当初から効力がないことになりますから、既に支払った設備費用の返還と今後の支払いはできないことになります。

このような事態に備えて、三部料金制の規律の施行前（令和7年4月1日以前）の現時点において、設備料金の見直しやオーナーとの設備契約の見直しを進めているガス事業者もいます。

※消費者契約法10条

法令中の公の秩序に関しない規定の適用による場合に比して、消費者の権利を制限し又は消費者の義務を加重する消費者契約の条項であって（前段要件）、民法第1条第2項に規定する基本原則に反して、消費者の利益を一方的に害するものは（後段要件）、無効とする。

4 改正省令等の法的効力

Q1 改正省令に違反する行為は無効ですか。

A 違反行為の内容によります。

改正省令は、ＬＰガスの商慣行を是正して、ガス契約の透明化と適正化を図ることを目的とした、行政上の取締規定です。取締規定は、行政上の目的にもとづくものなので、取締規定に違反して行政上の罰則（液石法第16条、第17条、第82条、第83条等）などを受けても、契約上の効力まで否定されないのが原則です（狭義の取締規定）。ただし、違反行為が社会的相当性を欠く場合は、公序良俗違反（民法90条）によって、私法上の効力が否定されます（効力規定）。

例えば、営業免許のないタクシー営業であっても、運賃の請求は認められるのに対して（判例）、薬物取扱資格のない者の覚醒剤の売買は、薬物の蔓延を防ぐために無効とされます。

したがって、改正省令に違反する行為の効力についても、規律の目的や具体的な行為の内容によって判断されます。

例えば、ガス設備の無償貸与契約が、過大な営業行為の制限の規律（15の3から6）に違反する違法行為であると判断された場合に、その契約の効力まで無効とすると、ガス設備の設置根拠がなくなり、消費者に対するガスの供給に支障が生じかねませんから、契約自体は無効とせず、当事者間の協議に委ねるのが適当であると考えられます。

これに対して、高額な謝礼金や解約時の高額の精算金や違約金などの約

4 改正省令等の法的効力

定は、消費者のガス事業者の選択を著しく制限する不当なものであれば、その全部または一部が無効になりうると考えられます。

Q2 省令違反の行為に対する行政処分の適用の流れについて教えてください。

A 省令違反の行為に対する行政処分は、まず、消費者やガス事業者からの消費生活センターや法令適用事前確認手続（ノーアクションレター制度）による苦情相談から始まります。行政は、寄せられた苦情相談を把握し、販売方法の基準（液石法第16条第2項、施行規則16条）に違反する疑いのある行為であると判断すれば、そのガス事業者に対して、報告徴収（法82条）、立入検査（法83条）、勧告（法17条1項）などの改善指導を行います。指導に従わず、消費者被害が拡大すると判断されたときは、社名公表（法17条2項）による消費者啓発活動や、基準適合命令（法16条3項）といった行政処分を行います。これらによっても、なお改善が認められなければ登録取消（法26条・4項）や30万円以下の罰金（法100条1号の2）が課されることになります。

Q3 ガイドラインとパブリックコメントのそれぞれの意義と効力について教えてください。

A パブリックコメントは意見公募であり、ガイドラインは行政処分の基準となる見解を示したものです。いずれも行政の見解を示したものであって、法的効力はありませんが、特にガイドラインは法的効力に準じ

27

た効力を有するものとして考慮する必要があります。

（1）パブリックコメントは、行政が公表した省令などの案に対して、広く一般から意見や情報を募り、行政は寄せられた意見や情報を考慮して、省令などを制定します。行政は提出された意見等に対する回答義務を負います。回答で示された考え方に法的効力はありませんが、行政の見解を知ることができ、その後の実務における指針となります。

　今回の改正省令については、資源エネルギー庁・資源燃料部燃料流通政策室から、令和6年4月5日に改正省令に対するパブリックコメントとそれに対する行政の考え方が示されており、令和6年7月2日に取引適正化ガイドラインの改正案に対するパブリックコメントとそれに対する行政の考え方が示されています。

（2）パブリックコメントのやりとりなどをもとに、ガイドラインが作成されます。ガイドラインは、行政が省令等の解釈や行動すべき内容をまとめたものであり、法律の解釈も含んでおり、行政処分などの基準となるものです。ガイドラインは、法律ではなく、行政の運用基準や行政指針を示したものなので、ガイドラインに反する行為は、直ちに法令違反にはなりません。しかし、ガイドラインは、その省令を所轄する行政庁が、パブリックコメントに対する回答などの日々の経験から得た専門的な知見をもとに述べたものなので、裁判所においても考慮されることが多く、法令上の根拠に準じた効力を有するものとして取り扱うのが適当です。したがって、改正省令の令和6年7月2日の施行に合わせて改正された、「取引適正化のガイドライン」および「施行規則の運用解釈通達（平成09・03・17資庁第1号）」の内容に沿って実務を運用するのが適当です。

4 改正省令等の法的効力

Q4
改正省令の施行により、これまでの商慣習の見直しが求められるなかで、当社は、デジタルマーケティングを活用した顧客の獲得を考えています。そのことで注意点はありますか。

A
デジタルマーケティングとは、インターネットやデジタル技術を活用して、商品やサービスの広告宣伝や販売を行うことをいいます。インターネットを利用した広告市場は拡大を続けていますが、その特徴としてユーザーのデータを利用するので、個人情報保護法に注意する必要があります。そのほか、インターネットに関わる法律や、商取引に関わる関連法に注意を払う必要があります。関連法と注意点は以下のとおりです。

デジタルマーケティングでの関連法と注意点

（1）個人情報保護法

　既に取得している個人情報を利用して、新たな取引を勧誘するには、個人情報の利用目的を予めホームページ等により公表するか、本人に知らせる必要があり、その利用目的の範囲内で利用しなければならないので、ＬＰガスの取引の勧誘であることなど、その使途を明確に伝える必要があります。

　なお、取得した個人データについては、漏洩が生じないような安全管理が必要です。例えば、紙で保管している場合はキャビネットに鍵をかけ、パソコンで保管している場合はファイルにパスワードを設定し、セキュリティ対策ソフトを導入するなどが考えられます。また、個人データを第三者に提供するときは、原則として本人の同意が必要であり、会社と本人との間で個人データを利用する必要がなくなり、本人から利用停止や消去の申し出があったときは応じなければならないとされています。

（2）電気通信事業法

　特定個人の情報を収集する方法として、ウェブサイトやアプリからその者の端末内の情報（例えば、閲覧履歴・システム仕様・システムログ等）を取得する仕組

みを組み込んでおく方法があります。しかし、この手法については、目的、取得する情報の内容、送信先、送信先での利用方法を通知して、容易に知り得る状態に置かなければならなくなりました（27条の12本文、規則22条の2の29、規則22条の2の31）。

（3）特定電子メール法、特商法

広告宣伝を目的としたメールを個人に送信する場合、原則として事前に同意を得なければなりません（特定電子メール法3条、特商法12条の3）。

（4）景表法、不正競争防止法、著作権法、商標法

一般的な広告規制と特に大きく異なるところはありません。優良誤認表示・有利誤認表示（景表法5条）、品質等誤認惹起行為・競争関係にある他人の営業上の信用を害する虚偽の事実を告知流布する行為（不正競争防止法2条）、同一商標や類似商標を使用する行為（商標法36、37条）などが禁止されています。

また、広告に用いた絵などの素材が、知的財産権を侵害しているケースがあります。素材の提供をする会社が、著作権を侵害した素材を提供していたがために、広告をした会社が権利侵害者と扱われてしまったり、発注先がAIを用いて広告を製作したところ、AIがインターネット上で著作権保護の対象となる素材を用いたために、結果として権利侵害となる事態が想定されうるので、注意が必要です。

5 M&A

Q1 改正省令の施行後（令和6年7月2日以降）、従来にも増して、販売店の事業譲渡（M&A）が活発になっているようです。どのような理由からでしょうか。

A 改正省令を機に、ＬＰガス会社の買収（M&A）や事業譲渡が増える傾向にあります。その理由は、気候の温暖化や原油価格の変動、ＬＰガスから都市ガスやオール電化への移行による消費者世帯数の減少などの外的要因と、販売店自体の事情として、経営者の高齢化と後継者不足、人手不足、保安業務の負担などの内的要因、そして、今回の改正省令によって、無償貸与の商慣行が制限され、設備費用の回収が困難になったことから、ＬＰガス事業の継続を諦めざるを得なくなってきたからです。毎年、相当数の販売店が、ＬＰガス業務を廃業するか事業譲渡しています。

Q2 販売店の事業譲渡（M&A）での注意点は何ですか。

A 譲渡側のＬＰガス販売店の多くは、初めての事業譲渡（M&A）で、それに慣れた譲受側の大手販売会社とは、知識や経験の差があるので、専門家に相談するなどして慎重に事業譲渡を進めることが大切です。ＬＰガス事業の譲渡にあたっては、次の点に注意する必要があります。

M&Aでの注意点

（1）保安業務の状況

　保安業務の管理遂行が不十分なために事故が発生すると、損害賠償問題のほかに会社の信用やイメージを大きく損なう可能性があるので、買取時の監査で念入りに調査されます。特に、設備機器の交換時期に注意する必要があります。メーター10年（計量法）、警報器5年、調整器7〜10年（施行規則46条1号ニ、液化石油ガス販売事業者の認定に係る保安確保機器の設置等の細目を定める告示（認定販売事業者告示5条）、配管15年、給湯器は法定交換期限はありませんが、一応10年が目安です。

（2）顧客数と売上

　譲受側としては、コストをかけずに買収をしたいので、顧客数1,000件の販売店を10社買収するよりも、顧客数10,000件の販売店を1社買収する方が、経費的にも譲受後の経営にとっても効率的なので、顧客数と売上は多いほどよいです。

（3）従業員数と年齢層

　ＬＰガス業務は、容器の定期交換、ガス設備の定期点検と交換、ほぼ24時間体制の保安業務を行うことから、人手不足の販売店も珍しくなく、従業員数が多い方がよいとする譲受会社もあります。また、業務内容からして、従業員の平均年齢が若い方が評価されます。

（4）仲介業者の選択・見極め

　最近のM&Aの多くはM&A仲介会社を介して行われます。「貴社を指名で買収をしたい企業がある」といった内容の郵便物を送ってくる業者もいますが、売却意思のある事業者を見つけてくると、複数の買い手候補に情報提供する仲介業者が大半です。仲介業者のなかには、買い手企業の内容を精査せず、仲介料が高く取れるところを譲渡側に紹介するケースもあるので注意が必要です。仲介業者の実績や評価を調べ、可能であれば、その業者で売却した元経営者の声などを聞いてから依頼するのが良いです。専任契約を急がせたり、機密保持と称して他の経営幹部や顧問税理士、顧問弁護士への相談もさせないようにして、経営者だけに判断させようとする業者は要注意です。

5 M&A

Q3 事業譲渡において、譲受側は譲渡会社のどこを見て、譲渡価格を算定するのですか。

A 事業譲渡を検討している販売店にとって、譲渡価額が最も重要な関心事ですが、譲受側の譲受価格の算定にあたっては譲渡会社の事業収入のほかに、保安業務の状況や設備機器の資産価値などが考慮されます。

査定と評価

（1）顧客数

顧客数は、譲渡会社の評価額のベースとなる重要事項です。

契約書（14条書面）上の顧客数と実際にガス供給が行われている件数、空室や空き家などでガスの供給が停止されている件数を調査する作業を行います。その結果、実際にガスの供給が継続している契約戸数がかなり減少していることもあるようです。

また、株式譲渡の場合には、契約会社は変わらないので、契約締結時の顧客数で譲渡価格を算定しますが、事業譲渡の場合は、株式譲渡の場合と異なり、顧客の契約相手が譲渡会社から譲受会社に変わるので、この機会にガス会社を変更する顧客が出る可能性があり、顧客が減る分を譲渡側と譲受側のどちらが負担するかを契約締結時に決めておく必要があります。通常は、譲渡側が負担することが多いですが、譲渡後に顧客数の減少が見込まれる場合は、譲渡会社としては、その旨を予め譲受会社に伝え、譲渡価格を交渉します。

（2）保安業務の状況

譲受側としては、保安業務の管理が不十分なために、事故が発生し、賠償問題や会社の信用を損なう事態が発生することは回避しなければならないので、管理業務体制が譲受側の求める水準に達しているかどうか、設備機器が期限管理を満たしているかどうかは、特に調査されます。これらが不十分であったり、交換期限を過ぎていて入れ替えが必要な場合は、譲渡価格に影響します。特に、譲受側が全国展開や、それに準じた大手事業者の場合は、監督官庁が国になり、地域販売店の管轄であ

33

る都道府県よりも、ガスの保安に対する規制は、より厳しい傾向にあるので、保安業務の状況について、かなり調査されます。

（3）貸与設備の評価

　自己資金で設置したガス設備の設置費用を一括で減価償却して、損益計算書（P／L）で経費処理すると、次年度以降は、貸借対照表（B／S）に資産として計上されていない設備から収益が発生していることになるので、「のれん」として譲渡価格の算定において考慮します。

　「のれん」とは、企業買収の際に、譲渡価格と譲受側が実際に取得した資産及び負債の差額です。例えば、資産1億円の会社を1億2,000万円の譲渡価格で取引した場合、譲受会社は1億円の価値の会社を2,000万円多く支払って譲り受けたことになりますが、この差額の2,000万円が「のれん」です。資産計上されていないガス設備から収益が発生している場合は、「のれん」としての評価額が重要です。

（4）リース物件の使用権限

　メーター、調整器、給湯器をリース会社や卸売会社からリースしている場合は、設備の所有権は譲渡会社ではなく、リース会社にありますから、事業譲渡後の譲受会社の使用権限について、事前に、リース会社に確認しておく必要があります。

（5）保証金の管理

　集合物件の入居者から預かっている保証金は、退去時に精算して返還する必要がありますが、システム化が遅れていたり、事務や経理の人手が不足している販売店では、保証金の返還ができていない場合があるので、確認が必要です。

6　関連資料

改正省令

液化石油ガスの保安の確保及び取引の適正化に関する法律
施行規則第16条の改正規則

15の2

　液化石油ガスの販売契約を締結しようとする一般消費者等と消費設備が設置された又は設置される施設又は建築物の所有者とが異なる場合において、当該一般消費者等と当該施設又は建築物の所有者等との間で賃貸借契約が締結される前に、当該一般消費者等に対し、直接液化石油ガスの供給に係る料金表等を提示し、又は当該施設又は建築物の所有者等を通じて当該料金表等を提示するよう努めること。

15の3

　液化石油ガスの販売契約を締結しようとする一般消費者等と消費設備が設置された又は設置される施設又は建築物の所有者とが異なる場合において、当該一般消費者等と液化石油ガスの販売契約を自己と締結させることを目的として、当該施設又は建築物の所有者等に対し、正常な商慣習を超えた利益を供与しないこと。

15の4

　液化石油ガスの販売契約を締結しようとする一般消費者等と消費設備が設置された又は設置される施設又は建築物の所有者とが同一である場合において、当該一般消費者等と液化石油ガスの販売契約を自己と締結させることを目的として、当該一般消費者等に対し、正常な商慣習を超えた利益を供与しないこと。

15の5

　液化石油ガスの販売契約を締結しようとする一般消費者等と消費設備が設置された又は設置される施設又は建築物の所有者とが異なる場合において、当該施設又は建築物の所有者との間で、当該施設又は建築物の入居者である一般消費者等が液化石油ガス販売事業者を変更することを制限するような条件を付した貸与契約等を締結しないこと。

15の6

液化石油ガスの販売契約を締結しようとする一般消費者等と消費設備が設置された又は設置される施設又は建築物の所有者とが同一である場合において、当該一般消費者等との間で、液化石油ガス販売事業者を変更することを制限するような条件を付した液化石油ガスの販売契約等を締結しないこと。

15の7

一般消費者等に対して液化石油ガスの供給に係る料金その他の一般消費者等の負担となる費用を請求するときは、当該費用を当該一般消費者等が消費した液化石油ガスの量にかかわらず生ずる費用及び当該量に応じて生ずる費用並びに消費設備の貸与等に係る費用に整理し、その料金その他の一般消費者等の負担となる費用の算定根拠を通知すること。

15の8

一般消費者等に対し、消費設備に係る配管及び液化石油ガス器具等の設置等に係る費用以外の費用を消費設備の貸与等に係る費用として請求しないこと。

15の9

液化石油ガスの販売契約を締結している一般消費者等と消費設備が設置された施設又は建築物の所有者とが異なる場合において、液化石油ガスの販売契約を締結している一般消費者等に対し液化石油ガスの供給に係る料金を請求するときは、当該施設又は建築物の所有者が本来負担すべき消費設備の貸与等に係る費用を請求しないこと。ただし、液化石油ガス販売事業者と当該一般消費者等との間で消費設備の貸与等に係る費用の負担方法について合意がある場合は、この限りでない。

附則

（施行期日）

第1条　この省令は、公布の日から起算して3月を経過した日から施行する。ただし、液化石油ガスの保安の確保及び取引の適正化に関する法律施行規則第16条第15号の7から第15号の9までの改正規定は、公布の日から起算して1年を経過した日から施行する。

（経過措置）

第2条　この省令による改正後の第16条第15号の8及び第15号の9の規定は、この省令の施行の日前に締結された液化石油ガス販売契約については、適用しない。

6 関連資料

第3条　液化石油ガス販売事業者は、この省令による改正後の液化石油ガスの保安の確保及び取引の適正化に関する法律施行規則の規定を踏まえ、必要な液化石油ガス販売契約の更新を速やかに行うよう努めるものとする。

ＬＰガス販売店のための法律Ｑ＆Ａ
「令和6年省令改正特設ページ」

https://ene-web.com/ho_qa/2024
ID：2024　　PASSWORD：kaiseiqa

以下の、省令改正関連サイトへのリンクも設定しています。

省令改正公布（資源エネルギー庁ニュースリリース）

省令改正新旧対照表

改正省令の概要

液化石油ガス流通ワーキンググループ

パブリックコメントに寄せられたご意見と考え方

ＬＰガス商慣行通報フォーム

知っておきたい「ＬＰガス」の商慣行

改正省令対応や業態改革の講演動画を配信

https://www.taskforce-21.com

会員募集中　情報会員 15,000 円

講演動画配信!

LPガス専門書・営業活動ツールのご案内

ＬＰガス販売店のための 法律相談 省令改正について

A5 判　36 ページ
編　著　松山 正一 弁護士　松山・野尻法律事務所
冊子版　定価 1,100 円 税込
電子版　定価 550 円 税込

ＬＰガス販売店のための 法律Q&A 第6版

著者・監修者（弁護士）　松山正一　野尻昌宏
編　著　株式会社 ノラ・コミュニケーションズ
冊子版　定価 19,800 円 税込
電子版　定価 9,900 円 税込

ＬＰガス販売店のための 法律 Q&A オンラインセミナーテキスト【1】【2】

A5 判　【1】12 ページ【2】24 ページ
監修者（弁護士）　松山正一　野尻昌宏
編　著　株式会社 ノラ・コミュニケーションズ
定価　各 1,100 円 税込

改正省令施行後の新しい関係づくり

マンガで伝える
「ガス屋さんと一緒に満室経営」を呼びかける冊子

『ポケット倶楽部（オーナー通信）』を編集制作するポケット倶楽部編集室（諏訪書房）では、今回の改正省令の施行に際し、満室経営、資産活用に「役に立つガス屋さん」の選び方をマンガで紹介する冊子も発行。改正を契機としたオーナーとの新しい関係づくりのツールとして業界に提供している。

ポケット倶楽部編集室　編
A5 変形（100×210mm）24 ページ冊子
定価 330 円税込

（ただし販売は 10 部セット 3,300 円税込から
　割引 50 部セット　11,000 円税込）

書籍
https://noracomi.co.jp/syoseki.html
または Amazon で

営業販促ツール
https://noracomi.co.jp/tool.html